图书在版编目（CIP）数据

寻找回家的路 : 认识方位 / 纸上魔方著 . — 长春 :
北方妇女儿童出版社 , 2014.4 （2024.7 重印）
（我超喜爱的趣味数学故事书）
ISBN 978-7-5385-8179-9

Ⅰ . ①寻… Ⅱ . ①纸… Ⅲ . ①数学—儿童读物 Ⅳ .
① O1-49

中国版本图书馆 CIP 数据核字 (2014) 第 049770 号

编委会

任叶立　　徐硕文　罗晓娜　　王　菲　余　庆

徐蕊蕊　　陈　成　李佳佳　　尉迟明姗

寻找回家的路·认识方位
XUNZHAO HUIJIA DE LU · RENSHI FANGWEI

出 版 人　师晓晖
责任编辑　张　丹
插画绘制　纸上魔方
开　　本　889mm×1194mm　1/16
印　　张　2.5
字　　数　20 千字
版　　次　2014 年 4 月第 1 版
印　　次　2024 年 7 月第 11 次印刷
印　　刷　吉林省信诚印刷有限公司
出　　版　北方妇女儿童出版社
发　　行　北方妇女儿童出版社
地　　址　长春市福祉大路5788号
电　　话　总编办：0431-81629600　　发行科：0431-81629633
定　　价　19.80 元

数学就是这样有趣

　　数学有什么用？为什么学数学？对于许多小朋友来说，数学不仅是一门比较吃力的功课，枯燥、乏味的运算更让孩子心生畏惧。而数学原本就是一门来源于生活的科学。孩子们日常生活中的小细节、小故事，都蕴藏着丰富的数学知识，只要你稍加留心，就会发现无处不在的数学规律。

　　《我超喜爱的趣味数学故事书》正是抓住了这一规律，通过讲故事、做游戏，激发起孩子学习数学的兴趣。把抽象枯燥的数学知识，转化成看得见、用得到的生活常识，让孩子们通过故事与漫画，更加直观而轻松地认识数学、爱上数学。全书更重在培养孩子解决问题的思考方法，提高孩子逻辑思维能力和综合素质。

与此同时，编者还巧妙地将数学知识穿插在故事当中，这些入门知识的反复出现，更有利于孩子们加深记忆，掌握学习数学的技巧。

更值得一提的是，这套《我超喜爱的趣味数学故事书》还真正为父母们提供了一个和孩子共同学习的机会。在每一本分册的末尾，都有编者精心设计的互动园地。在这一板块中，父母可以更直观地看到书中所讲述的知识点，了解孩子的学习进度，结合实际应用，帮助孩子们进一步理解数学的意义，掌握数学知识。

相信这套《我超喜爱的趣味数学故事书》，一定会让孩子们认识到数学之美，轻轻松松爱上数学，学好数学！

由于编者水平有限，这套书中一定还有不足之处，敬请广大读者不吝赐教，为我们提出宝贵意见。

　　没有月亮和星星的夜晚，克鲁斯、安娜和贝蒂驾驶着他们的小帆船出发了。他们要去寻找传说中摩尼岛上的宝藏。小船在茫茫无际的大海上行驶了很多天，忽然，一阵狂风恶狠狠地把船掀翻了。克鲁斯、安娜和贝蒂紧紧抓住帆船的桅杆，这才没有被漩涡卷走。在海上漂浮了很久之后，他们终于被海浪冲到了一个小岛上。

"这是哪里？现在是什么时候了？"克鲁斯问。

"我也不知道，"安娜和贝蒂相互看了看说："现在，大概已经是中午了吧。"

"看，太阳在那里，这座小岛应该是在太阳的右边吧？"贝蒂指着太阳说。

这时，他们听到周围响起了一个神秘的声音："欢迎，幸运的人们，我是摩尼岛的主人，你们不是想要从我这里拿走宝藏吗？那么现在就来试试吧！不过，你们只有一支笔、一张纸和一次机会，穿过眼前的树林，你们会看到一个石像。在天亮之前走到石像前，你们就能拿走这里所有的宝藏，如果你们在途中掉入陷阱，或者没能及时赶到，你们就会变成石头人。现在游戏开始了。"

听完这句话，三个人暗自高兴起来，原来，他们真的到了一直在苦苦寻找的摩尼岛。

"走吧，我们分头去找宝藏。"克鲁斯说。

"等等，克鲁斯，如果我们在树林里迷路或者是受伤，就会变成石头人，我们还是先认清方向，看看地形吧！"贝蒂看到克鲁斯要跑进树林，连忙喊住了他。

"看，右边有座山，我们可以爬上去看看。"安娜说。

很快地，三个人爬到了小山上。

"你们看，这个小岛其实一点儿也不大。四周都是海水，那片树林在海岛的中间。"克鲁斯说。

"是啊，这里，我们所站的这座山，应该是在这个小岛的最右边了。"贝蒂说。

小山

草坪

小路

  还有，你们看，那里，在树林的中间是一片草坪吧。"安娜说。
  "入口是在那里吗？在树林最前面好像有一条小路，通向里面。"克鲁斯说。

"安娜，看啊，入口左边是一片松林，这里的树枝没有那么茂密，光线更充足，如果从这里走进去，我们也更安全一些。"贝蒂说。

"松林的第二排，第五棵树的上面好像有一个鸟窝。"安娜说。

小溪

"你们看啊，松林的右边，我们所站的这座山的下面有一条小溪。"克鲁斯说。

"前面的树林太茂密了，光线不足，我们看不清那条河流到哪里去了。"贝蒂说。

陷阱

"是的，那树下好像还有一口井。"
"看起来像是，不知道是不是陷阱啊！
总之，我们得小心点。"

"第四排、第六棵树下，
那是一个树洞吗？"

花丛

100米左右

"看那里，哦，我已经数不清这是第几排了，不过看起来距离入口大概有100米吧，那片松树的下面有一片花丛，那里面一定有陷阱，我们得小心点。"安娜说。

"不过，我想我们还是快走吧，天色越晚我们越看不清树林里的道路，万一掉进陷阱，我们就会变成石头人了。"克鲁斯有些着急了。

"好吧，我可不想留在这里变成石头人！"安娜担心地说。

三个人手拉着手向树林里走去。他们拿着那张地图进了树林，虽然有地图的帮忙，可还是花了很多时间躲避陷阱。此时，太阳已经快要落山了。

"看，那两棵树的中间，有一个……"贝蒂的话还没说完。只听见"啊"的一声，莽撞的克鲁斯只顾往前走，还没等贝蒂说完，就一脚踩进了眼前的一个小树坑里。

"克鲁斯，你没事吧？"安娜担心地问。

"有没有受伤？克鲁斯？"贝蒂也很担心。

"放心，我没事，我们还是快走吧。"克鲁斯摇摇晃晃地站起来说。

"好了，我们得快走，天越来越黑了，别忘了宝藏还在等着我们呢。"克鲁斯虽然受了点儿伤，但他还是一心想着摩尼岛的宝藏，说完便一瘸一拐地向前走去。

"小心点，克鲁斯。"安娜和贝蒂也惊魂未定地追了上来，一边一个扶着克鲁斯往前走。

继续前进了一会儿，三个人都有些累了，决定稍作休息，顺便拿出地图来看看。

"接下来，我们该怎么走呢？"贝蒂说。
"看，我们现在在这里。"克鲁斯指着地图说。

"按照地图的标记，贝蒂，小心你的左边，那应该是一个用树枝盖着的陷阱。"克鲁斯冲着贝蒂高声喊着。

"是你要小心才对。"贝蒂指了指克鲁斯受伤的左脚。

"安娜，你的前面应该有一根藤条，不要被它绊倒。"贝蒂也走过来看地图。

"我知道啦，贝蒂。"

越往树林深处走，光线越暗，走在树林里的三个小伙伴觉得恐怖极了，不知从哪儿传来的怪叫声让他们觉得，怪兽随时会从树林里跳出来。藤蔓的影子就像一条条巨蛇，晃动着向他们走来，像是要把他们吞进肚子里。

可就在这时，安娜忽然看到了一些金色的光点出现在眼前。等到那些光点再飞近了一些，她才看出来，那是一群挥着翅膀的小精灵。

"嗨，小精灵，你能帮帮我们吗？"安娜问。
"我要怎么帮你们？"小精灵说。

23

左

右

陷阱

石块

"请问，再往前面走多远才能走出树林？前面还有多少陷阱？"贝蒂问。

"不远了，前面是一片花丛，陷阱在红色的花丛的右边，坚硬的石块在黄色的花朵下面，树林里的光线很暗，你们要小心。你们最好沿着左边走过花丛，然后绕到右边再穿过一小片树林，就可以到巨石阵那里了。"小精灵说着。

第37块石头

"顺着巨石阵的左边进去，往右上角的方向走，数到第37块石头时，上面会有文字，按照上面的提示，你们就可以找到主人说的石像啦。"

左边

"谢啦，小精灵，得到了宝藏，我会分一半给你的。"克鲁斯说。

"快走吧，祝你们好运！"说着，小精灵挥着金色的翅膀，向树林的深处飞去。

"哦，太好了，我终于走出来了！"第一缕光线照在石像上的时候，贝蒂和安娜紧紧地拥抱在一起。

"嘿，你们都忘了我了吗？"说着，克鲁斯也一瘸一拐地走过来。

"既然你们走出了树林，这些宝物就是你们的了。"那个神秘的声音再次响起。

三个人回头看看，密林、巨石、陷阱、藤条都已经不见踪影，只剩下很多颜色鲜艳的宝石，在草地上对着太阳闪闪发光。

"太好了！"克鲁斯尽可能快地朝着眼前的草地走去。

可这时，贝蒂突然想到了一个很严重的问题。"等等，克鲁斯，我们没有船，没有地图，没有指南针，拿到了这些宝石，我们要怎么回家呀？"

"是啊，我想回家，我想回家！"一夜的惊吓，让安娜大哭了起来。

"没错，我也想回家！"克鲁斯停下脚步，回头看着贝蒂和安娜。

三个人相互看了看，虽然有些犹豫，可最终还是下定决心，他们一起朝着天空大喊："主人，我们不要宝石了！"

31

"我们只想要一艘船和一张地图。"
"那才是真正的宝藏，这样我们才能回家。"

"孩子们，很高兴你们终于认识到了这一点，那么，你们看！"神秘的声音又一次响起。

一艘大大的帆船和一张大大的地图出现在不远处的海滩上。

"再见，主人。再见，小精灵。"说完，三个人朝着海滩走去。

你知道从家到学校都会经过哪些地方吗？请画出一张从家到学校的路线图，注意标明方位哦。

认识方位

你会辨别方向吗？